Abdul Shakoor
Phool Shahzadi
Alam Shahzad

Determinação de Loratadina, Metil e Propil Parabeno em Anti-histamínicos

Abdul Shakoor
Phool Shahzadi
Alam Shahzad

Determinação de Loratadina, Metil e Propil Parabeno em Anti-histamínicos

ScienciaScripts

Imprint

Cover image: www.ingimage.com

This book is a translation from the original published under ISBN 978-3-8443-8035-4.

Publisher:
Sciencia Scripts
is a trademark of
Dodo Books Indian Ocean Ltd. and OmniScriptum S.R.L publishing group

120 High Road, East Finchley, London, N2 9ED, United Kingdom
Str. Armeneasca 28/1, office 1, Chisinau MD-2012, Republic of Moldova, Europe
Printed at: see last page
ISBN: 978-620-7-93586-4

Índice:

DESENVOLVIMENTO E VALIDAÇÃO DE MÉTODO PARA A DETERMINAÇÃO DE LORATADINA, METILPARABENO E PROPILPARABENO EM SUSPENSÃO ANTI-HISTAMÍNICA" POR HPLC

Por Abdul Shakoor
Phool Shahzadi
Dr. Shahzad Alam

Dedicado aos meus
amados e respeitados pais
Que rezam sempre pelo meu sucesso.
Que são a minha força na fraqueza.
Que são as minhas consolações na tristeza.
Que desejam ver-me florescer.
Que Alá os abençoe com uma vida longa e boa saúde.
(AMEEN)

AGRADECIMENTOS.

É para mim um momento de grande prazer ter a oportunidade de expressar os meus profundos agradecimentos ao meu honorável Diretor-Geral do PCSIR e a todos os que me ajudaram a concluir este trabalho.

Estou profundamente grato ao Prof. Dr. M. A. Qadir, pela sua orientação inspiradora e pelo seu-grande interesse durante o progresso deste trabalho. Dr. Talib Hussain, Presidente do Departamento de Química da Universidade Minhaj de Lahore, cujo encorajamento, orientação e apoio serviram de pedra de toque para a realização deste trabalho. Dr. Ali Muhammad, Vice-Chanceler da Universidade Minhaj de Lahore, por ter disponibilizado instalações de investigação, apoio, ajuda e gentileza filantrópica que me estimularam a realizar a investigação com êxito. Gostaria também de exprimir a minha profunda gratidão à M. S. Prix Pharmaceutica, que me proporcionou um ambiente tranquilo e equipamento para o meu trabalho prático de investigação.

É difícil reconhecer todos aqueles que contribuíram de várias formas para a realização deste trabalho, mas os meus mais sinceros agradecimentos aos meus colegas de turma e aos meus amigos.

Termino citando a palavra de Marjoie Boulton: "Não espero que todos os que lerem este livro fiquem satisfeitos com o que escrevo, mas espero que todos os que lerem este livro aprendam alguma coisa ou sejam provocados a pensar".

RESUMO

Foi desenvolvido e validado um método preciso, simples, reprodutível e sensível de cromatografia líquida de alta resolução (HPLC SHIMADZU JAPAN FABRICATED) para a estimativa simultânea de loratadina, metilparabeno e propilparabeno a partir da suspensão de loratadina para formulação farmacêutica. A separação pretendida foi efectuada utilizando a coluna analítica ODS C18 como fase estacionária. A fase móvel consiste numa combinação de 350 ml de K2HPO4 0,01M (1,74 g de fosfato de hidrogénio dipotássico/1000 ml com água), 300 ml de metanol e 300 ml de acetonitrilo (ajustado a pH 7,2 com ácido ortofosfórico), utilizada para obter a máxima separação e sensibilidade. O caudal foi de 1 ml/min e o efluente foi detectado a 254 nm. O tempo de retenção da loratadina, do metilparabeno e do propilparabeno foi de 2,68 min, 2,43 min e 4,20 min, respetivamente, e o tempo de execução foi de 25 min para cada injeção. O fator de cauda não foi superior a 2,000, as placas teóricas não foram inferiores a 3000 e a resolução não foi inferior a 3,00. A percentagem de recuperação encontrada em três testes estava dentro do intervalo desejado 103,13, 100,92 e 100,15% para a Loratadina, 100,21, 100,65 e 98,14% para o metilparabeno e 100,59, 98,41 e 98,09% para o propilparabeno. Verificou-se que os intervalos lineares são (r^2 = 0,9983) para a Loratadina, para o metilparabeno (r^2 = 0,9702) e para o propilparabeno (r^2 = 0,9985). O desvio padrão relativo percentual para exatidão e precisão não foi superior a 2,0%. Assim, a precisão foi realizada em três amostras homogéneas durante 72 horas. A robustez foi realizada em amostras homogéneas por três investigadores diferentes no mesmo dia, utilizando a mesma fase móvel. Deteção UV (SPD-10A) 254nm. Este método pode ser aplicado com êxito na análise de rotina da Loratadina, do Metilparabeno e do Propilparabeno em diferentes formas de dosagem. O método utilizado é linear, reprodutível, exato e robusto.

Capítulo 1

1. Introdução

É urgente desenvolver e validar procedimentos analíticos para o ensaio de medicamentos. O medicamento é uma substância utilizada no diagnóstico, tratamento ou prevenção de doenças ou como componente de um medicamento. Esta substância química é utilizada para tratar doenças de seres humanos e animais. É administrado por via oral como líquido ou sólido, inalado como vapor ou injetado como líquido.

Temos de desenvolver procedimentos para os requisitos regulamentares, a boa ciência e os requisitos de controlo de qualidade. O Código de Regulamentos Federais (CFR) afirma claramente: "A exatidão, a sensibilidade, a especificidade e a reprodutibilidade dos métodos de ensaio utilizados devem ser bem conhecidas e documentadas". Como cientistas, é obrigatório provar que os métodos utilizados para fins analíticos foram estabelecidos de forma exacta, sensível e específica. É da responsabilidade da direção da unidade de controlo de qualidade garantir que os métodos analíticos utilizados pelo departamento para a análise dos seus produtos são devidamente autenticados para a utilização prevista, assegurando a segurança do produto para utilização pelo consumidor.

O trabalho de investigação iniciado neste estudo incide principalmente no desenvolvimento de um método de ensaio por HPLC e na validação de acordo com as directrizes da ICH. A química analítica farmacêutica é um domínio vasto que abrange muitas áreas. O que aqui se refere é o trabalho que é feito após a representação de um Ingrediente Farmacêutico Ativo (IFA) para determinar e estabelecer uma estrutura química. A estrutura de um composto químico é essencial para a investigação de um novo pedido de autorização de introdução no mercado de uma nova entidade química. Este trabalho abrangerá todos os aspectos essenciais da química analítica e responderá à pergunta "Como e onde é utilizada no desenvolvimento farmacêutico".

No progresso inicial e para cada processo de síntese de um determinado IFA, a pureza desse produto deve ser rigorosa. Para fins analíticos, a maioria dos laboratórios farmacêuticos utiliza a técnica de Cromatografia Líquida de Alta Eficiência (HPLC). A maioria das moléculas tem uma única porção absorvente de UV que nos dá sensibilidade suficiente para a análise da molécula parental, bem como o máximo de coisas esquálidas e produtos de degradação. O que é necessário e recomendado para separar as impurezas das moléculas parentais é um gradiente longo e lento. A quantificação em área de cem (%) é carateristicamente utilizada antes de garantir um padrão de trabalho. Uma vez que é mantido um padrão de trabalho, a quantificação do composto parental e das impurezas pode ser efectuada utilizando o método de calibração de padrão externo. Com base na sua extraordinária pureza, utilizamos maioritariamente um padrão de referência. A via de síntese do padrão de referência pode ser alterada em relação à referência fornecida no API. Também podem ser efectuadas etapas de purificação adicionais no lote do padrão de referência, como a recristalização ou a purificação cromatográfica. Numa aprovação de comercialização, o desenvolvimento de métodos analíticos sólidos é de importância primordial durante o processo de descoberta e desenvolvimento de medicamentos. Os métodos de diagnóstico, utilizados para a determinação quantitativa de fármacos e dos seus metabolitos em fluidos biológicos, desempenham um papel muito importante na avaliação e interpretação de estudos de bioequivalência, farmacocinéticos e toxicocinéticos. Para a realização bem sucedida de estudos pré-clínicos biofarmacêuticos e clínicos farmacêuticos, são utilizados métodos analíticos selectivos e sensíveis para a avaliação quantitativa de fármacos e seus metabolitos. O tempo passou com o desenvolvimento, a introdução e a maior utilização da cromatografia líquida de alta resolução (HPLC) nos produtos farmacêuticos.

Na indústria farmacêutica, a HPLC é a técnica mais importante no controlo de qualidade de novos fármacos e formulações farmacêuticas. A validação de métodos analíticos é muito importante para fornecer dados consistentes para submissões regulamentares. Estes métodos são essenciais para uma série de objectivos como, por exemplo, testes para a libertação de CQ, amostras de estabilidade e materiais de referência para fornecer dados de apoio às especificações. Este trabalho de investigação apresenta uma cobertura completa do método de desenvolvimento e dos requisitos de validação que são vitais para o progresso de um composto farmacêutico, abrangendo todas as fases de desenvolvimento do produto. O método de análise é caracterizado pelos parâmetros do seu desempenho. Se esses parâmetros são construídos para fornecer os valores de desempenho correctos, então têm de ser muito bem avaliados. Estes valores de desempenho devem estar de acordo com os requisitos previamente definidos que podem ser satisfeitos pelo método de análise. Os parâmetros de desempenho dependem do tipo de método e das suas características intrínsecas. Assim, o utilizador deve escolher um método de análise que resolva todos os problemas analíticos de acordo com as suas necessidades. Assim, de acordo com as informações necessárias, o analista deve estabelecer as etapas mais adequadas do processo analítico e desenvolver o melhor método de validação para o pré-tratamento da amostra, a separação e o sistema de deteção, entre outros. Para obter bons resultados, são necessárias as melhores condições analíticas. Após a análise, um analista reunirá as informações que podem ter vários objectivos. Para avaliar um produto (se está a ser fabricado dentro dos limites regulamentares, assuntos legais, problemas de saúde no comércio internacional e controlo ambiental, etc.), o analista tem de tomar decisões que envolvam o controlo do processo de fabrico de um produto.

A Loratadina apresenta-se sob a forma de pó de cor branca a esbranquiçada. É insolúvel em água, mas muito solúvel em acetona, álcool e clorofórmio. O peso molecular da **loratadina** é 382,89, enquanto a fórmula empírica é $C_{22}H_{23}ClN_2O_2$. O nome químico deste composto é 4-(8-cloro-5-6-di-hidro-11H-benzo[5,6]ciclo-hepta[1,2-b]piridina-11-ilideno)-1- piperidinocarboxilato de etilo.
Fórmula estrutural desenhada;

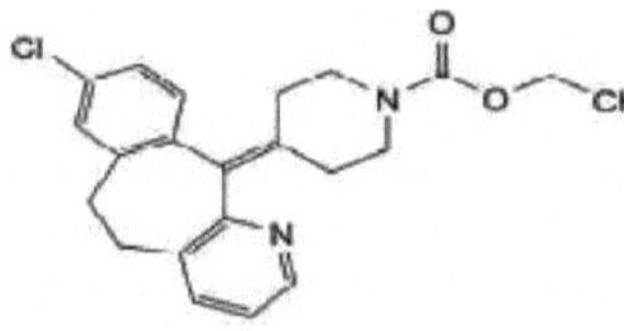

É um anti-alérgico bem conhecido e é utilizado como medicamento de alívio para diferentes tipos de modalidades como, febre dos fenos (rinite alérgica), urticária (urticária) e várias alergias cutâneas[3]. Também é capaz de aliviar dores de cabeça ligeiras **a** moderadas.

O propilparabeno de sódio é um produto cristalino incolor ou pó branco, solúvel em água e é um anti-sético. É muito utilizado na farmácia, na indústria alimentar e na indústria têxtil. Como anti-sético, é utilizado em cosméticos, alimentos para animais e produtos químicos de rotina. O peso molecular do Propilparabeno de sódio é 202,2. A sua fórmula molecular é $C_{10}H_{11}NaO_3$ e a fórmula estrutural é

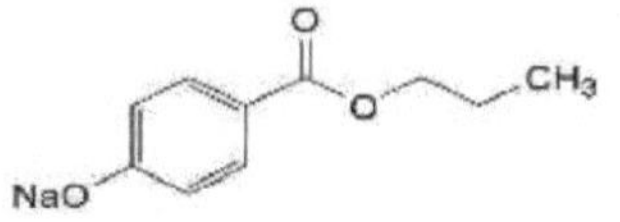

O metilparabeno de sódio é quimicamente o p-hidroxibenzoato de metilo de sódio com a fórmula empírica $C_8H_7NaO_3$. O seu peso molecular é 174,1 e a sua fórmula estrutural é

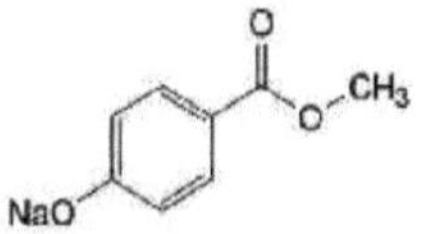

Este trabalho centra-se no desenvolvimento de um método analítico fácil, exato e específico para esta combinação em formas de dosagem comerciais como as suspensões.

Capítulo 2

2. Pesquisa bibliográfica

A HPLC (cromatografia líquida de alta pressão) é considerada uma boa técnica para a deteção do HR 810 no plasma de coelho. Não se registou qualquer interferência de outros antibióticos no ensaio de cromatografia líquida de alta pressão. Este método é preciso, reprodutível e capaz de detetar menos de 1 micrograma de HR 810 por ml no plasma. Este ensaio foi correlacionado com o ensaio microbiológico (coeficiente de correlação, 0,93) e foi utilizado para quantificar a concentração de HR 810 no plasma de coelhos e determinar a sua semi-vida após uma dose intramuscular de 20 mg/kg (IM). O pico de concentração do HR 810 foi de 51,2 +/8,0 ug'mi em 1 hora após a dose. A meia-vida da fase de absorção foi de 0,35 ± 0,10 horas e a meia-vida da fase de eliminação foi de 0,75 ± 0,06 horas. (Bawdon&Brater). (56)

A cromatografia líquida de alta eficiência (HPLC) pode ser utilizada eficazmente para a determinação de efedrina, noscapina, prometazina e bromexina utilizadas em xaropes para a tosse. A limpeza das amostras de xarope para a tosse pode ser efectuada através de um disco de extração em fase sólida com permuta aniónica. O método foi validado com boa recuperação, linearidade, reprodutibilidade e seletividade para a determinação simultânea de anti-histamínicos comuns em misturas de xaropes para a tosse de venda livre. Foi desenvolvido um método de cromatografia líquida de alta resolução (HPLC) para a determinação simultânea de bamipina, fenilefrina e dextrometorfano. Verificou-se que este método é adequado para a análise dos compostos em várias formulações farmacêuticas. Foi efectuada uma avaliação da precisão do ensaio. Foram também efectuados estudos de recuperação adicionando quantidades conhecidas de ingredientes activos a amostras de placebo. A base concorrente para o controlo da retenção e a melhoria da forma dos picos na análise por cromatografia líquida de alta resolução em fase inversa (RP-HPLC) de fármacos ácidos, básicos e neutros seleccionados foi a trietilamina (TEA). Os seus efeitos no fator de capacidade e nos valores teóricos do número de placas da efedrina, fenol e sulfamerazina foram examinados em três colunas cromatográficas comerciais de octadecilsilano não modificadas. Estes resultados mostraram claramente que um esquema geral de eluição RP-HPLC utilizando uma coluna ^Bondapak C18 10-um, fases móveis de metanol, ácido acético, água TEA e um detetor ultravioleta foi desenvolvido para mais de 150 fármacos de interesse farmacêutico. O método é aplicado à separação de grupos de fármacos relacionados química ou farmacologicamente, incluindo aminas simpaticomiméticas, anti-histamínicos, fenotiazinas, anestésicos locais, alcalóides de cinchona e tropano, xantinas, sulfonamidas e esteróides. Os fármacos de iões emparelhados, como o salicilato de fisostigmina e as combinações de ácido ascórbico, ácido benzoico, ácido salicílico, ácido pamóico e 8-clorotiofilina com várias moléculas básicas, foram rápida e eficazmente resolvidos nos seus componentes iónicos utilizando condições de RP-HPLC quase idênticas (Nicolaset *al.*, 1999). (39)

Para a determinação de algumas enzimas do citocromo P450, responsáveis pelo metabolismo oxidativo da loratadina, alguns microssomas foram incubados com loratadina. Para o efeito, foram identificadas enzimas específicas dos microssomas por análise de correlação, por estudos de inibição e por incubação com vários cDNA que expressam enzimas P450 humanas. O metabolito principal foi a descarboetoxiloratadina (DCL). Teoricamente, a DCL não se pode formar por hidrólise. Foi investigada uma correlação elevada entre a taxa de formação de DCL e a hidroxilação 6p da testosterona. Com a adição de cetoconazol (um inibidor) às misturas de incubação, a taxa residual de formação de DCL correlacionou-se com a da O-desmetilação do dextrometorfano, uma reação do CYP2D6. Os anticorpos policlonais de coelho foram levantados contra a enzima CYP3A1 do rato e a troleandomicina, que actua como inibidor específico quando adicionada a incubações microssomais de loratadina. A quinidina, um inibidor da CYP2D6, inibiu a formação de DCL em cerca de 20% quando adicionada a incubações microssomais de loratadina numa concentração específica. A incubação da loratadina com microssomas CYP3A4 e CYP2D6 expressos por cDNA catalisou a formação de DCL com taxas de formação de 135 e 633 pmol/min/nmol P450, respetivamente. Estes resultados indicam que a loratadina foi metabolizada

em DCL principalmente pelas enzimas CYP3A4 e CYP2D6 nos microssomas do fígado humano. Na presença de um inibidor da CYP3A4, a loratadina foi metabolizada em DCL pela enzima CYP2D6. A sua estrutura é consistente com os modelos de substrato para a enzima CYP2D6 (Harold *et al.*, 1984). (40)
Foram recolhidos cinco anti-histamínicos habitualmente utilizados em produtos farmacêuticos contra a alergia e a constipação, tendo a sua separação e deteção sido efectuada por HPLC com deteção por quimioluminescência (CL). Foram encontrados limites de deteção comparáveis de 5-10 pmol para os anti-histamínicos, tanto por UV a 214 nm como por CL de tris (2,2'-bipiridina) ruténio(III). Verificou-se que as amostras de urina não geram um pico não retido tão grande por deteção CL em comparação com os picos por deteção UV a 214 e 254 nm. O pico da feniramina foi totalmente obscurecido a 214 nm, representando 0,15 pg/ml. Os resultados quantitativos recebidos para três amostras comerciais de anti-histamínicos variaram entre 4 e 8% de erro de exatidão quando se utilizou um padrão interno para compensar a deriva do detetor a curto prazo (Guo *et al.*, 2006). (41)
Um método de espetrometria de massa por cromatografia líquida (LC-MS/MS) pode ser utilizado para o rastreio e a quantificação simultâneos de 18 fármacos anti-histamínicos em amostras de sangue. O pré-tratamento da amostra envolveu a extração líquido-líquido dos anti-histamínicos básicos, seguida de uma segunda extração dos anti-histamínicos ácidos. As recuperações para os fármacos básicos foram de 43 a 113% e de 23 a 66% para os fármacos ácidos. Os extractos combinados foram processados por LC numa coluna de fase reversa C18 utilizando uma fase móvel de acetonitrilo-acetato de amónio a pH 3,2. A análise espectrométrica de massa foi efectuada com um analisador de massa quadrupolo de fase tripla e o rastreio foi efectuado utilizando a monitorização de reacções múltiplas (MRM). A quantificação baseou-se nos dados MRM da fase de rastreio. O método mostrou uma boa linearidade nas concentrações relevantes nos testes de validação. Os limites de quantificação atingidos variaram entre 0,0005 e 0,01 mg/l no sangue, o que é inferior às concentrações terapêuticas (*Cmax*). Os limites de identificação também são inferiores à *Cmax*, exceto no caso da clemastina, que tem concentrações excecionalmente baixas no sangue. Os desvios-padrão relativos ao intra-ensaio foram superiores a 10%. A inexatidão variou entre 39% no caso da levocabastina e 5% no caso da ciclizina, sendo a maioria dos valores inferior a 20% (Agnew *et al.*, 2001). (42)
Verificou-se que a cetirizina, a terfenadina, a loratadina, o astemizol e a mizolastina têm actividades de inibição. As suas actividades inibitórias foram comparadas com as actividades dos marcadores de inibição para CYP1A2, CYP2C9, CYP2C19, CYP2D6, CYP3A4 e algumas isoenzimas de glucuronidação em microssomas de fígado humano. Foram observados maiores efeitos com a terfenadina, o astemizol e a loratadina, que inibiram a 6p-hidroxilação da testosterona mediada pelo CYP3A4 e a *O-desmetilação* do dextrometorfano mediada pelo CYP2D6. Além disso, a loratadina inibiu acentuadamente a atividade do marcador CYP2C19, a 4-hidroxilação da *(S)*-m efenitoína (*K*.de 0,17 uM). O efeito da loratadina foi observado. Activou a hidroxilação da tolbutamida catalisada pelo CYP2C9 e actua como inibidor de algumas enzimas de glucuronidação. A mizolastina foi observada como um inibidor relativamente fraco e inespecífico do CYP2E1, CYP2C9, CYP2D6 e CYP3A4. A cetirizina não mostrou qualquer efeito sobre as actividades investigadas. Uma comparação das potências inibitórias da cetirizina, terfenadina, loratidina, astemizol e mizolastina com as suas concentrações plasmáticas correspondentes em seres humanos sugere que estes anti-histamínicos não interferem na depuração metabólica dos medicamentos coadministrados. A loratidina é uma exceção. Parece inibir o CYP2C19 com potência suficiente para exigir investigação adicional (Radhakrishnaet *al.*, 2003). (43)
A avaliação toxicológica dos anti-histamínicos cloridrato de metapirileno, maleato de pirilamina e cloridrato de triprolidina mono-hidratado, utilizando o cloridrato de metapirileno como indicador positivo, foi investigada como parte de um estudo da relação estrutura-atividade em ratos e ratinhos. Foi necessário o desenvolvimento de procedimentos analíticos para certificar a dose, a homogeneidade e a estabilidade dos medicamentos nos alimentos para animais. Era

também necessário monitorizar a urina humana para detetar uma possível exposição e assegurar a remoção dos agentes de ensaio das águas residuais antes da sua descarga no ambiente. Para a determinação do cloridrato de metapirileno e do maleato de pirilamina nos alimentos para animais a vários níveis na urina humana, foi desenvolvido um sistema de cromatografia líquida de alta resolução (HPLC) utilizando um detetor de fluorescência. Foi desenvolvido um procedimento de HPLC- UV para a determinação do cloridrato de triprolidina mono-hidratado nos alimentos para animais. Foi também desenvolvido um procedimento de cromatografia em fase gasosa utilizando um detetor de fósforo e azoto para determinar os três anti-histamínicos em mistura nas águas residuais a vários níveis. (44)

Para o controlo analítico da qualidade das preparações farmacêuticas, foram utilizados procedimentos cromatográficos rápidos para os fármacos anti-histamínicos, isolados ou em conjunto com outros tipos de compostos. A fase estacionária utilizada é C18. A fase móvel utilizada é um micelar de brometo de cetiltrimetilamónio (CTAB) com 1-propanol ou 1-butanol como modificador orgânico. Estes procedimentos permitem a determinação dos anti-histamínicos bromfeniramina, clorciclizina, clorfeniramina, difenidramina, doxilamina, flunarizina, hidroxizina, prometazina, terfenadina tripelenamina e triprolidina, para além de cafeína, dextrometorfano, guaifenesina, paracetamol e piridoxina em diferentes apresentações farmacêuticas sob a forma de comprimidos, cápsulas, supositórios, xaropes e pomadas. O limite de deteção é inferior a 1 ug mL e as recuperações dos analitos nas preparações farmacêuticas situam-se no intervalo de 100 ± 10% (Horderet *al.*, 2011). (45)

A determinação por HPLC-UV da loratadina no plasma humano é observada. Após uma extração líquido-líquido simples de 2-metilbutano-hexano (2:1) e evaporação da fase orgânica, os compostos foram novamente dissolvidos em HCl 0,01 *M*. Evaporados novamente e finalmente separados numa coluna Supelcosil LC-18-DB. Esta análise foi efectuada à temperatura ambiente em condições isocráticas. A fase móvel utilizada foi CH3CN-água-0,5 MKH2PO4-H3PO4 (440:480:80:1, v/v). A deteção UV foi efectuada a 200 nm com um limite de quantificação de 0,5 ng/ml. A precisão foi considerada satisfatória em toda a gama testada (0,5-50 ng/ml) com desvios-padrão relativos de 2,3-6,3 e 5,2-14,1% para os ensaios intra e inter-ensaios, respetivamente (El-Sherbinyet *al.*, 2007). (46)

A cromatografia líquida de alta resolução (HPLC) e a espetrofotometria de segunda derivada podem ser utilizadas para a determinação simultânea de montelucaste e loratadina em formulações farmacêuticas. A coluna utilizada para a separação por HPLC é uma coluna Symmetry C18, com tampão de fosfato de sódio (com pH ajustado a 3,7) e acetonitrilo (20:80, v/v) como eluente, a um caudal de 1,0 ml/min. Efetuar a deteção UV a 225 nm. Trata-se de um método simples, rápido, seletivo e que indica a estabilidade para a determinação do montelucaste. O padrão interno utilizado para efeitos de quantificação de ambos os fármacos na HPLC foi o 5-metil-2-nitrofenol. Na espetrofotometria derivada de segunda ordem, para a determinação da loratadina, foi aplicada a técnica de zerocruzamento a 276,1 nm, mas para o montelucaste foi utilizada a amplitude do pico a 359,7 nm (método tangente). Os métodos foram totalmente validados e comparados para a determinação por ensaio de fármacos seleccionados em formulações (Shabiret *al.*, 2010). (47)

Foi desenvolvido um método de HPLC para o controlo analítico da qualidade de preparações farmacêuticas. Este método foi desenvolvido com a substância anti-histamínica loratadina e o seu análogo desloratadina (que é também um metabolito ativo da loratadina), utilizando uma microemulsão como eluente. A coluna utilizada para a separação foi enchida com uma fase estacionária ligada ao cinopropil, adoptando a deteção UV a 247 nm, utilizando um caudal de 1 ml/min. A fase móvel da microemulsão optimizada consistia em SDS (dodecil sulfato de sódio) 0,1 M, 1% de octanol, 10% de *n-propanol* e 0,3% de trietilamina em ácido fosfórico 0,02 M, pH 3,0. Obteve-se uma resolução satisfatória entre a loratadina e a desloratadina (fator de resolução = 3,85) com este método. O manuseamento mínimo da amostra exigido por este método é rápido (10 min) e reprodutível (R.S.D. <2,0%). Através da análise estatística dos resultados obtidos, utilizando o teste t e o *teste F da* razão de variância, obtemos as recuperações médias. A

pseudoefedrina é uma substância medicamentosa co-formulada que não interferiu com o ensaio e foi separada com sucesso utilizando o método de HPLC desenvolvido. (Solichet *al.*, 2002). (48)
A HPLC (cromatografia líquida de alta resolução) foi desenvolvida e validada para a determinação simultânea dos conservantes 2-fenoxietanol, metilparabeno, etilparabeno e propilparabeno. A coluna utilizada no método é Lichrosorb C8 (150*4,6 mm, 5 gm) e a eluição é isocrática. A fase móvel consiste numa mistura de acetonitrilo, tetra-hidrofurano e água (numa proporção de 21:13:66, v/v/v) bombeada a um caudal de 1 ml/min. A deteção UV foi fixada em 258 nm. O método foi validado e considerado exato, preciso (repetibilidade e precisão intermédia), especificado, linearidade e gama. O método desenvolvido foi aplicado com sucesso na determinação destes conservantes em produtos farmacêuticos em gel disponíveis no mercado. Os procedimentos são simples, selectivos e fiáveis para análises de rotina de controlo de qualidade e testes de estabilidade. (Fitzpatrick *et al.*, 1975). (49)
Foi desenvolvido um método de cromatografia líquida de alta eficiência em fase inversa (RP-HPLC) com deteção UV. Este método é validado para a determinação de compostos num creme tópico. Os métodos descrevem a determinação do componente ativo clotrimazol e de dois conservantes presentes no creme (metilparabeno e propilparabeno) e a determinação de dois produtos de degradação do clotrimazol, o imidazol e o (2-clorofenil) difenilmetanol, no creme tópico após testes de estabilidade a longo prazo. A coluna utilizada para a separação cromatográfica foi a Purospher RP-18e. A fase móvel no Methodi para a separação do clotrimazol, do metilparabeno e do propilparabeno é constituída por acetonitrilo e água (70:30 v/v) para a determinação dos produtos de degradação imidazol e (2-clorofenil) difenilmetanol. A composição óptima da fase móvel no caso do 2nd cream foi acetonitrilo e água (75:25 v/v) com pH ajustado a 2,7. O tempo de análise foi inferior a 10 minutos para ambas as amostras. Os métodos são aplicáveis para a análise de rotina do composto ativo clotrimazol, conservantes e produtos de degradação no produto farmacêutico (Boonleang *et al.*, 2010). ()50
Um método de cromatografia líquida de alta pressão para a análise quantitativa de metilparabeno e propilparabeno é efectuado em sistemas de emulsão e suspensão. Este método é pouco dispendioso e não requer capacidades de pressão excessivas. Este método é considerado simples, rápido e exato. Implica igualmente a quebra da emulsão. A filtração é seguida de uma análise cromatográfica numa coluna de cromatografia líquida de fase inversa com ligação permanente. A amostra é misturada vigorosamente com o padrão interno e o álcool para suspensão (antes da filtração) e cromatografada. Este método é muito curto em termos de tempo, o tempo necessário para a preparação e análise da amostra é inferior a 30 minutos (Gopalakrishnan *et al.*, 2012))(51
Foi desenvolvido um método simultâneo de HPLC com indicação de estabilidade para a determinação de cisaprida, metilparabeno e propilparabeno em suspensões orais. Utilizou-se uma coluna C18 para a separação da linha de base e uma fase móvel constituída por solvente A: 10% v/v de acetonitrilo em 0,13% p/v de 1-pentanossulfonato de sódio, pH 8, e solvente B: acetonitrilo. Utilizou-se um detetor de fotodíodos para a deteção e avaliação da pureza dos picos a 275 nm, com um modo de varrimento na gama de 190-400 nm. Este método é seletivo, exato e preciso. O método permite obter cromatogramas com boa forma de pico e resoluções aceitáveis. Todos os picos dos analitos eram puros. A exatidão de todos os analitos foi muito boa, variando entre (99,20-100,6%), o que é muito bom. Este método é aplicável com êxito ao estudo da estabilidade da cisaprida, do metilparabeno e do propilparabeno em formulações de suspensão oral (Chakrabarty et al., 2013).
(52)
O método de Cromatografia Líquida de Alta Eficiência de Fase Reversa (RP-HPLC) pode ser utilizado eficazmente para a estimativa simultânea de Cloridrato de Ambroxol, Cloridrato de Cetirizina, Metilparabeno e Propilparabeno em formulações farmacêuticas líquidas combinadas. A coluna utilizada para a separação foi a Hypersil BDS C18 (200x 4,6mm i.d., 5^m) utilizando acetonitrilo: 0,05 M de di-hidrogenofosfato de potássio (ajustado ao pH 3,5 com ácido ortofosfórico) na proporção de 33:67 v/v como eluente. O caudal foi de 1 ml/min e o efluente foi detectado a 230 nm. Foram observados tempos de retenção do cloridrato de ambroxol, cloridrato de cetirizina, metilparabeno e propilparabeno de 3,97 min, 15,30 min, 5,74 min e 17,54 min,

respetivamente. A percentagem de recuperação situou-se no intervalo (entre 98,36% e 99,96%) para o cloridrato de ambroxol, para o cloridrato de cetirizina (100,00% e 101,49%), para o metilparabeno (99,58% e 100,40%) e (100,00% e 101,82%) para o propilparabeno. Assim, o método pode ser aplicado com êxito para a análise de rotina de cloridrato de ambroxol, cloridrato de cetirizina, metilparabeno e propilparabeno na forma de dosagem líquida combinada (Subertet *al.*, 2007). (53)

O método RP-HPLC foi desenvolvido para a estimativa do metilparabeno, do cetoconazol e do furoato de mometasona, tendo como fator-chave a formulação da dosagem farmacêutica. Foi utilizada uma coluna Water X terra C 18. A fase móvel é constituída por um tampão (trietil amina em água, pH ajustado a 6,5 com ácido acético glacial) e acetonitrilo. Este método mostrou linearidade com coeficiente de correlação. As recuperações médias situaram-se no intervalo de 99,9-101,1% para todos os componentes. O método foi validado de acordo com as directrizes da CIH no que respeita à linearidade, ao limite de deteção, ao limite de quantificação, à exatidão, à precisão, à robustez e à estabilidade da solução. A capacidade de indicação da estabilidade do método desenvolvido foi estabelecida através da análise da degradação forçada de amostras em que se conseguiu a pureza espetral de todos os componentes, juntamente com a separação dos produtos de degradação do pico dos analitos. Este método é aplicável com sucesso à análise de rotina da determinação quantitativa de metilparabeno, cetoconazol e furoato de mometasona em formas de dosagem farmacêutica (Braithwaite & Smith, 2002). (54)

A determinação de diferentes compostos pode ser efectuada por cromatografia líquida de alta eficiência. Esta técnica foi utilizada para determinar o teor de metilparabeno, propilparabeno e ácido 4-hidroxibenzóico como seu produto de decomposição na solução aquosa Aqua Conservans (AQCO), de acordo com a Farmacopeia Checa. Com base nos resultados das análises de 10 amostras de AQCO provenientes de 8 farmácias, de vários meses após a sua preparação, foi proposto um prazo de validade de 3 anos para aAQCO (Nielsen & Christensen,2002).(55)

Capítulo 3

EXPERIMENTAL

3.1 PROCEDIMENTO DE VALIDAÇÃO DO MÉTODO

A validação do método foi efectuada através da avaliação da precisão, robustez, reprodutibilidade, linearidade, limite de deteção (LOD) e limite de quantificação (LOQ).

1. **PRECISÃO**

   Controlo do ensaio três vezes em três dias distintos. Estimar a média, o desvio-padrão, o coeficiente de variação e a variância com um dia e entre dias, utilizando as seguintes fórmulas:

2. **ROBUSTEZ DO MÉTODO**

   Realização do ensaio, de acordo com o procedimento especificado, em alíquotas da amostra homogénea por três analistas diferentes. Registar os resultados e estimar o RSD para cada componente, como indicado em PRECISÃO.

3. **REPRODUTIBILIDADE**

   Preparou-se uma solução de concentração conhecida e efectuaram-se 10 leituras de dez alíquotas da mesma amostra, que foram analisadas por analistas diferentes. No caso da análise por HPLC, foram injectadas 10 vezes. Registar os resultados e calcular a variância.

4. **LINEARIDADE**

   Para determinar a linearidade, efectuaram-se várias diluições do padrão, ou seja, prepararam-se soluções com várias concentrações e efectuaram-se as leituras.

   A concentração deve ser tal que represente as concentrações mais baixas e as concentrações mais altas. Por exemplo, podem ser efectuadas as concentrações 50, 60, 70, 80, 90% no lado inferior110, 120,130,140,150% no lado superior. Traçar as concentrações e os resultados num gráfico e verificar a linearidade. Não deve haver qualquer curvatura.

5. **DOSEAMENTO DO PRODUTO**

   Efetuar o ensaio de três lotes do produto através do método validado e registar os resultados.

3.2 Protocolo de validação do método

O objetivo da validação do método é validar o método analítico para a determinação da loratadina, do metilparabeno e do propilparabeno na suspensão de loratadina através do método HPLC.

REFERÊNCIA DO MÉTODO

A validação foi efectuada através da avaliação da precisão do método (através do ensaio de três alíquotas de uma amostra homogénea em três dias distintos), da robustez do método, da reprodutibilidade e da linearidade (através do ensaio de alíquotas de uma amostra homogénea em três análises diferentes) e da AVALIAÇÃO (três lotes diferentes de Loratadine Suspension).

PROCEDIMENTO

A) PRECISÃO

A precisão da Loratadina Suspensão foi efectuada de acordo com o procedimento especificado. A fase móvel utilizada foi uma combinação de 350 ml de K2HPO4 0,01M (1,74 g de fosfato de hidrogénio dipotássico/1000 ml com água), 300 ml de metanol e 300 ml de acetonitrilo ajustado a pH 7,2 com ácido ortofosfórico, para obter a máxima separação e sensibilidade. A precisão foi realizada em três amostras homogéneas em três dias diferentes. A MÉDIA, o DESVIO PADRÃO e o RSD foram efectuados sobre os dados obtidos, utilizando as seguintes fórmulas:

Jtfean

$$(\bar{X}) = \frac{x1 + x2 + \ldots\ldots\ldots xn}{n}$$

Sompte *Desvio padrão* $(S) = \sqrt{\frac{\Sigma(X - \bar{X})2}{n-1}}$

Padrão relativo. Desvio $(RSD) = \frac{100\, S}{\bar{X}}$

Onde

RSD = desvio-padrão relativo (o desvio-padrão da amostra expresso em percentagem da média).

$\bar{x}$ = média dos valores obtidos a partir das unidades ensaiadas, expressa em percentagem do valor indicado no rótulo. n = número de unidades (alíquotas de amostra) ensaiadas i'H- =*2* =*R*= valores individuais (x1) das unidades ensaiadas, expressos em percentagem do rótulo.

B) **RUGOSIDADE DO MÉTODO**

A robustez da Loratadina Suspensão foi efectuada de acordo com o procedimento especificado. A fase móvel utilizada foi uma combinação de 350 ml de K2HPO4 0,01M (1,74g de fosfato de hidrogénio dipotássico/1000ml com água), 300ml de metanol e 300ml de acetonitrilo ajustado a pH 7,2 com ácido ortofosfórico, para obter a máxima separação e sensibilidade. A robustez foi realizada em amostras homogéneas por três investigadores diferentes no mesmo dia. De igual modo, foi efectuada a média, o desvio padrão e o RSD dos dados obtidos.

C) **REPRODUTIBILIDADE**

A reprodutibilidade da Loratadina Suspensão foi efectuada de acordo com o procedimento especificado. A fase móvel utilizada foi uma combinação de 350 ml de K2HPO4 0,01M (1,74 g de fosfato de hidrogénio dipotássico/1000 ml com água), 300 ml de metanol e 300 ml de acetonitrilo ajustado a pH 7,2 com ácido ortofosfórico, para obter a máxima separação e sensibilidade. Uma amostra foi injectada dez vezes para verificar a reprodutibilidade. A MÉDIA, o DESVIO PADRÃO e o RSD foram efectuados nos dados obtidos.

D) **LINEARIDADE**

A linearidade da suspensão de Loratadina foi efectuada de acordo com o procedimento especificado. A fase móvel utilizada foi uma combinação de 350 ml de K2HPO4 0,01M (1,74 g de fosfato de hidrogénio dipotássico/1000 ml com água), 300 ml de metanol e 300 ml de acetonitrilo ajustado a pH 7,2 com ácido ortofosfórico, para obter o máximo de separação e sensibilidade. Para o efeito, foram recolhidas dez amostras de dez concentrações diferentes, de 50% a 150%. Foi traçado um gráfico entre a concentração e a área do pico. Obteve-se uma linha reta que mostra que o método é válido.

E) **LIMITE DE DETECÇÃO (LD) e LIMITE DE QUANTIDADE (LQ)**

Limite de deteção:

O limite de deteção de um procedimento analítico é a concentração mais baixa da substância a analisar numa amostra que pode ser detectada, mas não necessariamente quantificada como um valor exato. O limite de deteção é normalmente demonstrado através da medição de uma concentração baixa da substância a analisar e da obtenção de uma resposta.

Limite de quantificação:

A quantificação de um procedimento analítico individual é a menor quantidade de substância a analisar numa amostra que pode ser determinada quantitativamente com precisão e exatidão adequadas. É normalmente expressa como uma concentração da substância a analisar na amostra. O limite de quantificação é normalmente demonstrado através da medição de baixas concentrações da substância a analisar e da obtenção de uma resposta repetível.

F) **DOSEAMENTO DO PRODUTO**

Analisou 3 lotes de suspensão de Loratadine para Loratadine pelo método validado e registou os resultados.

CONCLUSÃO e OBSERVAÇÕES

A suspensão de loratadina foi validada no que respeita à precisão, reprodutibilidade, robustez, linearidade e doseamento do produto. Todos os resultados foram encontrados no intervalo de 1 a 3%.

RELATÓRIO DE VALIDAÇÃO DO MÉTODO

PRODUTO: Loratadina Suspensão

LOTE N.º 0001

DATA: 03-10-2012

PROTOCOLO SEGUIDO: MUL-01

o **Seleção do comprimento de onda**

Uma solução a 10 ppm de loratadina, uma solução a 05 ppm de metilparabeno de sódio e uma solução a 10 ppm de propilparabeno de sódio em metanol (como solvente) foram analisadas para selecionar o comprimento de onda dos máximos de absorvância e a absorvância é a seguinte

Sr. #	Nome	Concentração	X max. (nm)	Absorvância
1	Loratadina	10 ppm	247,0 nm	0.8058
2	Metilparabeno de sódio	05 ppm	257,0 nm	1.9545
3	Propilparabeno de sódio	10 ppm	256,5 nm	1.9545

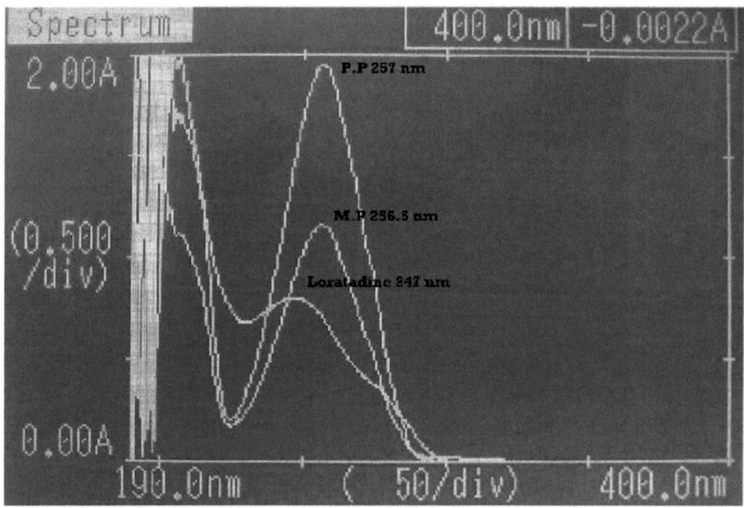

Fig. Espectro da loratadina, do metilparabeno de sódio e do propilparabeno de sódio

A) MÉTODO EXPERIMENTAL

Determinação simultânea de loratadina, metilparabeno e propilparabeno na suspensão de loratadina por método HPLC

Chemacals	Fonte
Loratadina	Prix Pharmaceutica (Pvt.) Ltd.
Metilparabeno	Prix Pharmaceutica (Pvt.) Ltd.
Propilparabeno	Prix Pharmaceutica (Pvt.) Ltd.
Metanol (grau HPLC)	Merck
Acetonitrilo (grau HPLC)	Merck
Fosfato de hidrogénio dipotássico (grau de reagente)	Scharlau
Ácido clorídrico (grau analítico)	Laboratório RCI
Ácido ortofosfórico (grau analítico)	Scharlau

A loratadina, o metilparabeno e o propilparabeno foram fornecidos pela PRIX pharmaceutica (Pvt.) Ltd. Foram utilizados padrões de trabalho paquistaneses, água bidestilada de grau HPLC, metanol de grau HPLC (Merck- 1557018 038), acetonitrilo de grau HPLC (Merck- K43129900 208), fosfato de hidrogénio dipotássico de grau reagente (Scharlau-PO0258, ácido clorídrico de grau analítico (RCI Lab Scan- 08111121), ácido ortofosfórico de grau analítico (Scharlau-65360).

Soluções de trabalho padrão:

As soluções-padrão de trabalho foram preparadas em diluente (400 ml de HCl 0,05M, 80 ml de fosfato de hidrogénio e potássio 0,6M, 260 ml de metanol e 260 ml de acetonitrilo) para obter uma solução com uma concentração final de 100 iig/ml de loratadina, 50 gg/ml de metilparabeno e 15 lig/ml de propilparabeno.

Estabilidade das soluções de trabalho:

O estudo da estabilidade dos analitos no soluto de trabalho padrão mostrou que não havia produtos de decomposição no cromatograma ou diferença de área durante o procedimento analítico, mesmo após armazenamento durante quatro dias a 40° C.

Equipamentos:

HPLC:

Detetor: HPLC SPD-10 AVP (Shimadzu Japão)
Bomba 1: LC-10 AT vp Shimadzu (Shimadzu Japão)
Bomba 2: LC 10 AT vp Shimadzu (Solução LC)
Injetor: SIL - 10AF manual

Detetor de UV: SPD - 10A
Agitador magnético: JENWAY-1000
Balanço: GC1603-OCE Alemanha R200D

Medidor de PH: WTW 720 Alemanha
Sonicador: E30H ELMASONICAlemanha
Condições cromatográficas:
A fase móvel foi escolhida após vários ensaios com metanol, álcool isopropílico, acetonitrilo, água e soluções-tampão em várias proporções e com diferentes valores de pH. Foi selecionada uma fase móvel constituída por uma combinação de 350 ml de K2HPO4 0,01M (1,74 g de fosfato de hidrogénio dipotássico/1000 ml com água), 300 ml de metanol e 300 ml de acetonitrilo ajustado a pH 7,2 com ácido ortofosfórico, de modo a obter a máxima separação e sensibilidade. A coluna analítica (4,6 mm de diâmetro e 150 mm de comprimento) utilizada foi enchida com nucleosilica C18 (5 mm, 100 A° ; Merck, Alemanha) pelo método de lama ascendente, utilizando metanol para a preparação da lama (50 ml) e também para o enchimento. Este procedimento foi efectuado a uma pressão de 180 kg/f^2 após a coluna ter sido condicionada durante cerca de 4 horas com metanol a um caudal de 1,0 ml/min. O detetor de UV foi selecionado a 254 nm.

3.3 PROCEDIMENTO OPERACIONAL NORMALIZADO PARA A SUSPENSÃO DE LORATADINA

Loratadina Suspensão:
Ref. N.º USP - 39
ENSAIO (POR HPLC)
Fosfato de potássio dibásico 0,01M:
Transferir cerca de 1,74 g de fosfato de potássio dibásico anidro para um balão volumétrico de 1000 ml, dissolver e diluir com água até ao volume e homogeneizar.
Fase móvel:
Preparar uma mistura de 350 ml de K2HPO4 0,01M (1,74g de fosfato de hidrogénio dipotássico/1000ml com água), 300ml de metanol e 300ml de acetonitrilo ajustado a pH 7,2 com ácido ortofosfórico. Filtrar a solução através de um filtro de 0,45 |im de porosidade mais fina e desgaseificar antes de utilizar.
Diluente:
400 ml de HCl 0,05M, 80 ml de fosfato de hidrogénio e potássio 0,6M, 260 ml de metanol e 260 ml de acetonitrilo.
Preparação padrão:
Dissolveu-se uma quantidade pesada com exatidão de 50 mg de loratadina, 75 mg de metilparabeno e 7,5 mg de propilparabeno em diluente para obter uma solução com uma concentração conhecida de cerca de 100 lig/ml de loratadina, 50ug/ml de metilparabeno e 5ug/ml de propilparabeno. Esta solução foi utilizada imediatamente.
Preparação do ensaio:
Transferiu-se cerca de 5 ml da suspensão de loratadina para um balão de 50 ml e diluiu-se até ao volume com diluente. Passar a solução por um filtro de membrana com poros de 0,45Lm
Sistema cromatográfico

Modo	LC
Deteção	UV 254 nm

Coluna	Estrela de Purospher RP-18 (4,6 mm x 25 cm), 5 unidades
Temperatura da coluna	Ambiente
Caudal	1 ml / min.
Eluição	Isocrático
Volume de injeção	20 L
Sequência de análise	1. Norma 1-3 2. Amostra 1-3

Requisitos de aptidão

Fator de cauda	NMT 2.000
Placas teóricas	NLT 3000
Resolução	NLT 3.0
Desvio padrão relativo	NMT 2.0%

Procedimento:
Injetar separadamente volumes iguais (cerca de 20 ml) da preparação padrão e da preparação ensaiada no cromatógrafo, registar os cromatogramas e medir as áreas dos picos principais. Calculou-se a quantidade, em mg, de Loratadina, Metilparabeno e Propilparabeno em cada ml de Suspensão Oral constituída, obtida pela fórmula:

(CP)(L/1000D) (RU/RS)

Em que,

C	Concentração em mg/ml de Cefradina RS na preparação padrão.
Ru	Área do pico da amostra (Preparação do ensaio)
Rs	Área do pico do padrão
P	Potência designada, em iig por mg de Cefradina RS
L	Quantidade rotulada, em mg de Cefradina, em cada ml da suspensão constitutiva
D	Concentração, em mg por ml, da preparação do ensaio, com base na quantidade rotulada de loratadina, metilparabeno e propilparabeno por ml de suspensão oral constituída e na extensão da diluição.

(Limite 90 - 110%)

Quadro - 1
PRECISÃO DO MÉTODO PARA A LORATADINA EM SUSPENSÃO
Tabela-1.1
MÉTODO DE PERCISÃO PARA A LORATADINA

Ensaio da Loratadina			
Número da amostra	**Dia -I**	**Dia -II**	**Dia -III**
1	99.29	100.30	100.02

2	99.74	100.14	100.15
3	101.20	98.13	99.56
Média (X)	100.73	99.52	99.91
Desvio padrão (dentro de um dia)	1.38	1.09	0.31
RSD (com um dia)	1.37	1.10	0.31
Média de 3 dias (X)	100.05%		
Desvio padrão entre 3 dias diferentes	0.618		
RSD entre 3 dias diferentes	0.617		
Limite de DER	NMT: 3%		

*** Os cromatogramas de HPLC estão presentes no anexo 1

Quadro - 1.2

PERCISÃO DO MÉTODO PARA O METILPARABENO DE SÓDIO

Ensaio do metilparabeno			
Número da amostra	**Dia I**	**Dia - II**	**Dia - III**
1	99.95	100.49	101.05
2	99.31	100.44	101.19
3	104.14	100.02	100.65

Média (X)	101.13	100.32	100.96
Padrão Desvio (no prazo de um dia)	2.625	0.264	0.280
RSD (com um dia)	2.59	0.263	0.277
Média de 3 dias (X)	100.80%		
Padrão Desvio entre 3 dias diferentes	0.427		
RSD entre 3 dias diferentes	0.423		
Limite deRSD	NMT: 3%		

Tabela-1.3
MÉTODO DE PRECISÃO PARA O PROPILPARABENO DE SÓDIO

Ensaio de Propilparabeno			
Número da amostra	**Dia I**	**Dia - II**	**Dia-III**
1	98.90	100.40	100.32

2	99.03	100.11	102.24
3	101.90	99.60	100.56
Média (X)	99.94	100.03	101.04
Padrão Desvio (no prazo de um dia)	1.695	0.405	1.046
RSD (com um dia)	1.696	0.404	1.035
Média de 3 dias (X)	100.33%		
Padrão Desvio entre 3	0.610		

dias diferentes	
RSD entre 3 dias diferentes	0.607
Limite deRSD	NMT: 3%

Quadro - 2

ROBUSTEZ DO MÉTODO PARA A LORATADINA EM SUSPENSÃO

Tabela-2.1

ROBUSTEZ DO MÉTODO PARA A LORATADINA

Ensaio da Loratadina (% da rotulagem)	
Analista	**Ensaio (%)**
Abdul Shakoor	99.66
MaimunaShafique	100.18
Mina Hafeez	99.95
Média (X)	99.93
Desvio padrão	0.179
DER	0.178
Limite de .RSD	NMT: 3%

Tabela-2.2

ROBUSTEZ DO MÉTODO PARA O METILPARABENO DE SÓDIO

Determinação do teor de metilparabeno (% de alegação no rótulo)

Analista	Ensaio
Abdul Shakoor	100.52
MaimunaShafique	101.86
Mina Hafeez	100.99
Média (X)	101.11
Desvio padrão	0.658

DER	0.650
Limite de .RSD	NMT: 3%

Tabela-2.3

ROBUSTEZ DO MÉTODO PARA O PROPILPARABENO DE SÓDIO

Determinação do teor de propilparabeno (% de alegação no rótulo)	
Analista	**Ensaio**

Abdul Shakoor	99.99
MaimunaShafique	101.93
Mina Hafeez	99.80
Média (X)	100.57
Desvio padrão	1.178
DER	1.171
Limite de RSD	NMT: 3%

Quadro - 3
REPRODUTIBILIDADE DO MÉTODO PARA A SUSPENSÃO DE LORATADINA
Tabela-3.1
REPRODUTIBILIDADE DO MÉTODO PARA A LORATADINA

10 leituras da solução de concentração conhecida	
Sr.#	**%idade**
1	100.26
2	100.19
3	100.45
4	103.62
5	103.24
6	99.89

7	100.44
8	101.06
9	100.94
10	101.31
Média (X)	101.14
Desvio padrão(S)	1.2816
DER	1.2671
Variância(S $)^2$	1.642

Tabela-3.2
REPRODUTIBILIDADE DO MÉTODO PARA O METILPARABENO DE SÓDIO

10 leituras da solução de concentração conhecida	
Sr.#	**%idade**
1	101.31
2	100.37
3	100.41
4	101.15
5	100.45
6	99.73
7	100.14
8	100.93
9	100.69
10	99.84
Média (X)	100.50

Desvio padrão(S)	0.525
DER	0.523
Variância(s2)	0.276

Tabela-3.3
REPRODUTIBILIDADE DO MÉTODO PARA O PROPILPARABENO DE SÓDIO

10 leituras da solução de concentração conhecida	
Sr.#	**%idade**
1	100.21
2	99.88
3	99.96
4	100.49
5	100.73
6	94.19
7	100.22
8	100.47
9	100.14
10	100.28
Média (X)	99.65
Desvio padrão(S)	1.937
DER	1.944
Variância$(S)^2$	3.7531

Quadro - 4
LINEARIDADE DO MÉTODO PARA A SUSPENSÃO DE LORATADINA
Tabela-4.1
LINEARIDADE DO MÉTODO PARA A LORATADINA

Leituras das soluções em diferentes concentrações

Sr.#	Concentrações (ppm)	Área de pico
1	50	1118939
2	60	1309424
3	70	1528016
4	80	1730111
5	90	1934338
6	100	2172609
7	110	2333173
8	120	2556662
9	130	2740055
10	140	3012208
11	150	3202243

GRÁFICO DE LINEARIDADE PARA A LORATADINA

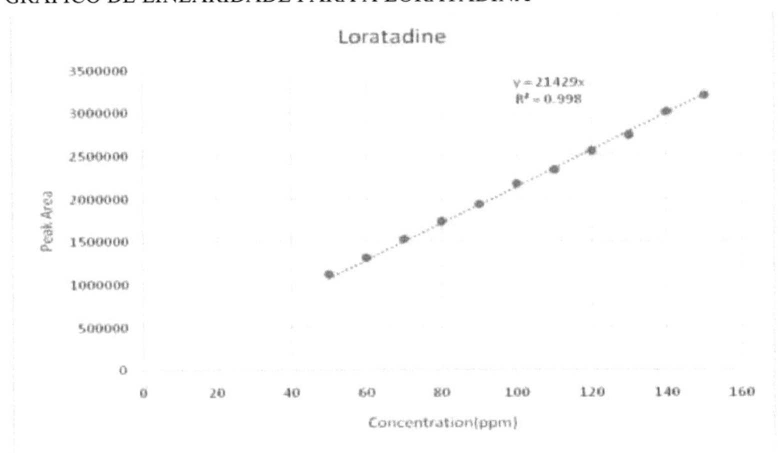

Concentração Ppm	Área de pico	Concentração Ppm	Área de pico

50	1118939	110	2333173
60	1309424	120	2556662
70	1528016	130	2740055
80	1730111	140	3012208
90	1934338	150	3202243
100	2172609		

Tabela-4.2

LINEARIDADE DO MÉTODO PARA O METILPARABENO DE SÓDIO

Leituras das soluções em diferentes concentrações		
Sr.#	**Concentrações (ppm)**	**Área de pico**
1	75	4283946
2	90	4890397
3	105	5530739
4	120	6008321
5	135	6417207
6	150	7018124
7	165	7241357
8	180	7584657
9	195	7711238
10	210	8136196
11	225	8343876

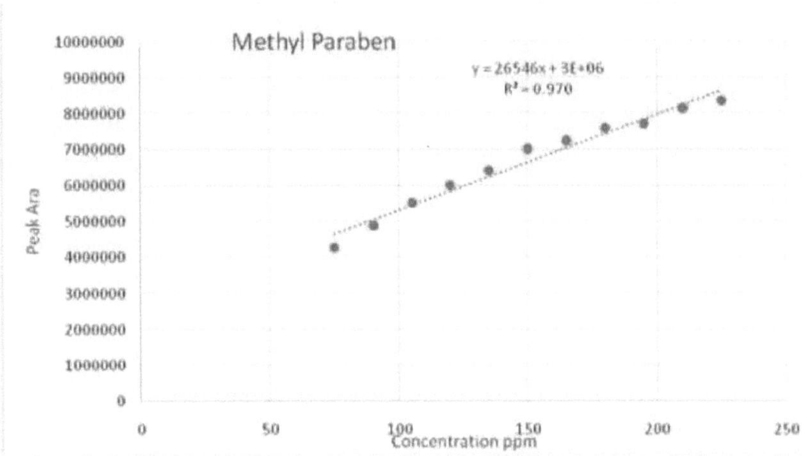

GRÁFICO DE LINEARIDADE PARA O METILPARABENO DE SÓDIO

Concentrações Ppm	Área de pico	Concentrações Ppm	Área de pico
75	4283946	165	7241357
90	4890397	180	7584657
105	5530739	195	7711238
120	6008321	210	8136196
135	6417207	225	8343876
150	7018124		

Tabela-4.3

LINEARIDADE DO MÉTODO PARA PROPILPARABENO DE SÓDIO

Leituras das soluções em diferentes concentrações		
Sr.#	**Concentrações (ppm)**	**Área de pico**
1	7.5	379466

2	9.0	445017
3	10.5	520760
4	12.0	590060
5	13.5	659564
6	15.0	739114
7	16.5	794933
8	18.0	876029
9	19.5	932967
10	21.0	1028108
11	22.5	1103980

GRÁFICO DE LINEARIDADE PARA O PROPILPARABENO DE SÓDIO

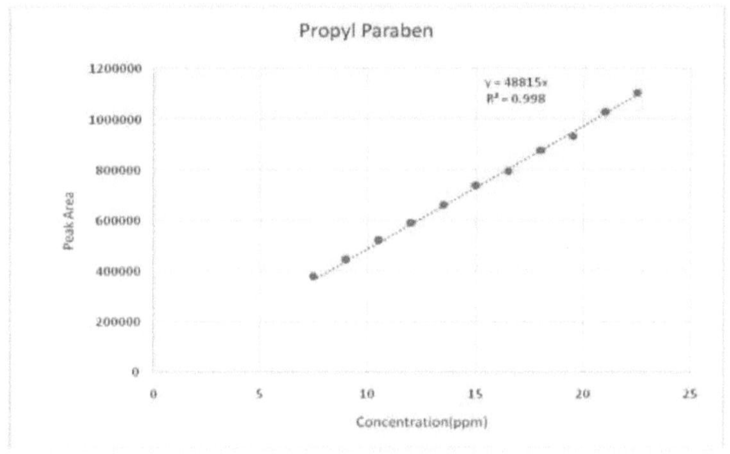

Concentrações Ppm	Área de pico	Concentrações Ppm	Área de pico

7.5	379466	16.5	794933
9	445017	18	876029
10.5	520760	19.5	932967
12	590060	21	1028108
13.5	659564	22.5	1103980
15	739114		

Tabela - 5

LOD E LOQ PARA A SUSPENSÃO DE LORATADINA

Tabela-5.1

LOD e LOQ para a LORATADINA

Amostra#	Resultados (ppm)	% de recuperação
1	0.23	110%
2	0.21	100%
3	0.24	114%
4	0.19	90%
5	0.18	86%
6	0.23	110%
7	0.22	105%
8	0.17	81%
9	0.16	76%
Média	0.20	96.9%
Desv. Dev.	0.029	

LOD= (s) (valor t) = 0,029 x 2,896= 0,084

LOQ= 10 x (s) = 10 x 0,029 = 0,29 mg/L

Tabela-5.2

LOD e LOQ para o metilparabeno sódico

Amostra#	Resultados (ppm)	% de recuperação
1	0.20	98%
2	0.21	94%
3	0.22	92%
4	0.22	90%
5	0.24	88%
6	0.21	94%
7	0.23	96%
Média	0.22	93.14%
Desv. Dev.	0.013	

LOD= (s) (valor t) = 0,013 x 3,143= 0,040859
LOQ= 10 x (s) = 10 x 0,013= 0,13 mg/L

Tabela-5.3
LOD e LOQ para o propilparabeno sódico

Amostra#	Resultados (ppm)	% de recuperação
1	0.15	110%
2	0.14	95%
3	0.12	98%
4	0.09	90%

5	0.11	86%
6	0.13	110%
7	0.12	101%
8	0.16	88%
9	0.11	76%
Média	0.12	82.66%
Std. Dev.	0.023	

LOD= (s) (valor t) = 0,023 x 2,896= 0,067
LOQ=10 x (s) = 10 x 0,023 = 0,23 mg/L

Tabela - 6

DOSEAMENTO DA LORATADINA EM SUSPENSÃO

Bach No.	**LORATADINA (% de alegação no rótulo)**	**METIL PARABEN (% alegação no rótulo)**	**PROPYL PARABEN (% alegação no rótulo)**
0001	103.13%	100.21%	100.59%
0002	100.92%	100.65%	98.41%
0003	100.15%	98.14%	98.09%
Média x	101.4	99.66	99.03

DST	2.9929	0.2304	1.562
DER (NMT 3)	2.9	0.23	1.57

DETERMINAÇÃO DA POTÊNCIA DO LORATADINE SUSPENSION BATCH #001

(Loratadine)
Cada ml contém = 1mg
Volume da suspensão tomada = 5ml ~ 5mg de Loratadina
Peso do padrão tomado = 50mg
Concentração final da amostra = 100ppm
Concentração final do padrão = 100ppm

$$\% \text{ age of Loratadine} = \frac{2218287}{2150908} \times 100 = 103.13\ \%$$

$$\text{Potency of Loratadine} = \frac{1}{100} \times 103.35 = 1.0313\ mg/ml$$

Área do pico da amostra 1 = 2226258
Área do pico da amostra 2 = 2206794
Área do pico da amostra 3 = 2221810
Média= 2218287
Área de pico do padrão 1 = 2094813
Área de pico do padrão 2 = 2171481
Área de pico do padrão 3 = 2186431
Média= 2150908

$$\% \text{ age of Methyl Paraben} = \frac{6983034}{6968401} \times 100 = 100.21$$

$$\text{Potency of Methyl Paraben} = \frac{1.5}{100} \times 100.21 = 1.50315\ mg/ml$$

(Propilparabeno de sódio)
Cada ml contém = 1,5 mg
Volume da suspensão tomada = 5ml ~ 7,5mg de metilparabeno
Peso do padrão tomado = 75mg
Concentração final da amostra = 150ppm
Concentração final do padrão = 150ppm
Área do pico da amostra 1 = 7051492
Área do pico da amostra 2 = 6855165
Área do pico da amostra 3 = 7042447
Média= 6983034
Área de pico do padrão 1 = 6974772

Área de pico do padrão 2 = 6979818
Área de pico do padrão 3 = 6950615
Média= 696840
Cada ml contém = 0,15mg
Volume da suspensão tomada = 5ml ~ 0,75mg de metilparabeno
Peso do padrão tomado = 7,5mg
Concentração final da amostra = 15ppm
Concentração final do padrão = 15ppm
Área do pico da amostra 1 = 750169
Área do pico da amostra 2 = 737000
Área do pico da amostra 3 = 740949
Média= 742706
Área de pico do padrão 1 = 721443
Área de pico do padrão 2 = 754029
Área de pico do padrão 3 = 739434
Média= 738302

$$\%\text{ age of Propyl Paraben} = \frac{742706}{738302} \times 100 = 100.59$$

$$\text{Potency of Propyl Paraben} = \frac{15}{100} \times 100.59 = 0.1509\text{ mg/ml}$$

DETERMINAÇÃO DA POTÊNCIA DA SUSPENSÃO DE LORATADINA LOTE #002

(Loratadina)
Cada ml contém = 1mg
Volume da suspensão tomada = 5ml ~ 5mg de Loratadina
Peso do padrão tomado = 50mg
Concentração final da amostra = 100ppm
Concentração final do padrão = 100ppm
Área do pico da amostra 1 = 2203956
Área do pico da amostra 2 = 2209834
Área do pico da amostra 3 = 2211612
Média= 2208467
Área de pico do padrão 1 = 2205221
Área de pico do padrão 2 = 2165629
Área de pico do padrão 3 = 2193768
Média= 2188206

$$\%\text{ age of Luratadine} = \frac{2208467}{2188206} \times 100 = 100.92\%$$

$$\text{Potency of Loratadine} = \frac{1}{100} \times 100.92 = 1.0092\text{mg/ml}$$

(Metilparabeno de sódio)
Cada ml contém = 1,5 mg
Volume da suspensão tomada = 5ml ~ 7,5mg de metilparabeno
Peso do padrão tomado = 75mg
Concentração final da amostra = 150ppm
Concentração final do padrão = 150ppm
Área do pico da amostra 1= 7177047
Área do pico da amostra 2 = 7271804

Área do pico da amostra 3 = 7341172
Média= 7263341
Área de pico do padrão 1 = 7207442
Área de pico do padrão 2 = 7167927
Área de pico do padrão 3 = 7273145
Média= 7216171

$$\%\text{ age of Methyl Paraben} = \frac{7263341}{7216171} \times 100 = 100.65\%$$

$$\text{Potency of Methyl paraben} = \frac{1.5}{100} \times 100.65 = 1.50975\text{ mg/ml}$$

(Propilparabeno de sódio)
Cada ml contém = 0,15mg
Volume da suspensão tomada = 5ml ~ 0,75mg de metilparabeno
Peso do padrão tomado = 7,5mg
Concentração final da amostra = 15ppm
Concentração final do padrão = 15ppm
Área do pico da amostra 1 = 752061
Área do pico da amostra 2 = 754406
Área do pico da amostra 3 = 754051
Média= 753506
Área de pico do padrão 1 = 749453
Área de pico do padrão 2 = 739061
Área de pico do padrão 3 = 747504
Média= 745346

$$\%\text{ age of Propyl Paraben} = \frac{753506}{745346} \times 100 = 98.41\ \%$$

$$\text{Potency of Propyl Paraben} = \frac{0.15}{100} \times 98.41 = 0.147615\text{ mg/ml}$$

DETERMINAÇÃO DA POTÊNCIA DA SUSPENSÃO DE LORATADINA LOTE #003

(Loratadina sódica)
Cada ml contém = 1mg
Volume da suspensão tomada = 5ml ~ 5mg de Loratadina
Peso do padrão tomado = 50mg
Concentração final da amostra = 100ppm
Concentração final do padrão = 100ppm
Área do pico da amostra 1 = 2244784
Área do pico da amostra 2 = 2239256
Área do pico da amostra 3 = 2241724
Média= 2241921
Área de pico do padrão 1 = 2255728
Área de pico do padrão 2 = 2229056
Área de pico do padrão 3 = 2230879
MÉDIA= 2238554

$$\% \text{ age of Loratadine} = \frac{2241921}{2238554} \times 100 = 100.15\ \%$$

$$\text{Potency of Loratadine} = \frac{1}{100} \times 100.15 = 1.0015\ \text{mg/ml}$$

Cada ml contém = 1,5 mg
Volume da suspensão tomada = 5ml ~ 7,5mg de metilparabeno
Peso do padrão tomado = 75mg
Concentração final da amostra = 150ppm
Concentração final do padrão = 150ppm
Área do pico da amostra 1 = 7333486
Área do pico da amostra 2 = 7243327
Área do pico da amostra 3 = 7346207
Média= 7307673
Área de pico do padrão 1 = 7470780
Área de pico do padrão 2 = 7379589
Área de pico do padrão 3 = 7445964
Média= 7432111

$$\% \text{ age of Methyl Paraben} = \frac{7307673}{7445964} \times 100 = 98.14\ \%$$

$$\text{Potency of Methyl Paraben} = \frac{1.5}{100}\ 98.14 = 1.4721\ \text{mg/ml}$$

Cada ml contém = 0,15mg
Volume da suspensão tomada = 5ml ~ 0,75mg de metilparabeno
Peso do padrão tomado = 7,5mg
Concentração final da amostra = 15ppm
Concentração final do padrão = 15ppm
Área do pico da amostra 1 = 751121
Área do pico da amostra 2 = 748230
Área do pico da amostra 3 = 748483
Média= 749278
Área de pico do padrão 1 = 771242
Área de pico do padrão 2 = 757676
Área de pico do padrão 3 = 762665
Média= 763861

$$\% \text{ age of Propyl Paraben} = \frac{749278}{763861} \times 100 = 98.09\ \%$$

$$\text{Potency of Propyl paraben} = \frac{0.15}{100} \times 98.09 = 0.1471\ \text{mg/ml}$$

Capítulo 4

4.0 Resultados e discussões

Quadro 1 Resultados da análise (doseamento do produto)

Amostra	Quantidade marcada (mg/ml)	Quantidade	Montante	% de alegação no rótulo
Loratadina	1	100	101.40	101.40
Metil Parabina	1.5	150	149.51	99.67
Propilparabina	0.15	15	14.85	99.03

Cada valor é a média de três observações.

QUADRO 2: Resultados da validação.

Validação			
parâmetros	**Metilparabeno**	**Propilparabeno**	**Loratadina**
Especificidade	Específico	Específico	Específico
índice de pureza de pico	1.000	1.000	1.000
Adequação do sistema Fator de resolução		7.35	18.80

Fator de cauda	1.24	1.29	1.30
Altura da placa	105.52	74.76	84.59
Número da placa	2369	3348	2955
Fator de retenção (K')	0.90	2.31	16.71
Precisão (intra-dia)	100.96-101.93	99.94-101.04	99.91-100.73
(Inter day)	100.80%	100.33%	100.05
Robustez % idade (RSD)	0.650	1.171	0.178
Reprodutibilidade Média	100.50	99.65	101.14
DER	0.523	1.944	1.2671
Linearidade			
intervalo (ug/ml)r^2 Interceção Y	0.9702	0.9985	0.9983
Declive	26546	48815	21429

LOD	0.040859	0.067	0.084
LOQ (mg/ml)	0.13	0.23	0.29
Mudança de coluna Merck (n=3)	100.21%	100.59%	103.13%
MÁQUINAS-NAGEL (n=3)	100.65%	98.41%	100.92%
Temperatura			
23,0°C (n=3)	98.14%	98.09%	100.15%
27,0°C (n=3)	100.65%	98.41%	100.92%

QUADRO 3: INTERFERÊNCIA DO BRANCO, DO PLACEBO E DAS IMPUREZAS.

Amostra	Quantidade (pg/ml)						Índice de Pureza de Pico		
	Inicial			Final					
	LD	MPS	PPS	LD	MPS	PPS	LD	MPS	PPS
Em branco (Diluente)	-	-	-	---	-	---	-	-	-

Placebo (Excipientes)	-	-	-	---	-	---	-	-	-
Amostra	9.9	74.45	20.22	---	-	---	1.000	1.000	1.000
Sem stress	81	2	5						
Amostra									
Stressado									
Luz	-	-	-	9.964	74.98	19.95	1.00	1.00	1.000
					1	1	0	0	
Calor	-	-	-	9.661	60.869	15.602	1.000	1.000	1.000
Hidrólise	-	-	-	9.839	74.512	19.412	1.000	1.000	1.000
Ácido	-	-	-	9.220	42.497	18.412	1.000	1.000	1.000
Base	-	-	-	9.326	69.984	10.761	1.000	1.000	1.000
Oxidação	-	-	-	8.419	64.289	17.292	1.000	1.000	1.000

Os dados resumidos nas tabelas 1, 2 e 3 relativos à precisão, exatidão, linearidade, robustez, limite de deteção (LOD), limite de quantificação (LOQ) e ensaio de três lotes diferentes de suspensão de loratadina por cromatografia líquida de alta resolução (HPLC) para determinar a loratadina, o metilparabeno de sódio e o propilparabeno de sódio demonstram que,

1. A solução diluente, a solução placebo da fase móvel, a temperatura e a mudança de coluna não afectam os tempos de retenção da loratadina, do metilparabeno de sódio e do propilparabeno de sódio. O pico principal foi separado do pico da impureza. As amostras stressadas mostram que os picos de impureza não são inferiores a 1,00, o que mostra que o método é específico.
2. Foi selecionada uma fase móvel constituída por uma combinação de 350 ml de K2HPO4 0,01M (1,74 g de fosfato de hidrogénio dipotássico/1000 ml com água), 300 ml de metanol e 300 ml de acetonitrilo ajustado a pH 7,2 com ácido ortofosfórico para obter a máxima separação e sensibilidade. A precisão foi realizada em três amostras homogéneas em três dias sucessivos. O valor médio varia entre 99,91% e 100,73% para a Loratadina, 100,96% e 101,13% para o Metilparabeno e 99,66% e 100,04% para o Propilparabeno. O desvio padrão relativo foi de 0,617%, 0,423 e 0,607, respetivamente. Isto mostra que os resultados estão dentro do limite que não deve ser superior a 3%, o que confirma que o método é exato. A análise da precisão intermédia foi efectuada em três dias diferentes, alterando a marca do sistema e o analista. A percentagem de RSD foi inferior a 2%. Os dados estão resumidos nos quadros 1.1, 1.2 e 1.3 e nas figuras do anexo 1.

   A % de recuperação de loratadina, metilparabeno de sódio e propilparabeno de sódio em 6 níveis (50 - 150%) foi entre 98 - 102%. A % RSD da % de recuperação foi inferior a 2% e a recuperação individual situou-se entre 98 e 102%. Por conseguinte, o método foi exato. Os dados estão resumidos nos quadros 1.1, 1.2 e 1.3 e nas figuras do anexo 1.
3. A robustez da suspensão de Loratadina foi efectuada de acordo com o procedimento especificado. A robustez foi realizada numa amostra homogénea por três investigadores diferentes no mesmo dia. No caso da robustez 1, 2 e 3, foram utilizadas diferentes colunas de HPLC (1, 2 e 3) com diferentes números de lote (HX936545, MN21305164 e HX 735461). A percentagem de robustez varia entre 99,66% e 100,18% para a loratadina, 100,52% e 100,99% para o metilparabeno de sódio e 99,80% e 99,99% para o propilparabeno de sódio. O valor médio é de 99,93%, 101,11%, 100,57% e o RSD entre os resultados dos três analistas é de 0,178%, 0,650%, 1,171% para a loratadina, o metilparabeno de sódio e o propilparabeno de sódio, respetivamente. Isto mostra que os resultados estão dentro do limite que não deve ser superior a 3%. Este facto confirma que o método é robusto. Os dados estão resumidos nas tabelas 2.1, 2.2 e 2.3 e nas figuras do anexo 2.
4. A reprodutibilidade da Loratadina Suspensão foi realizada de acordo com o procedimento especificado, tendo sido injectada uma amostra dez vezes para verificar a reprodutibilidade. A percentagem de reprodutibilidade da Loratadina varia entre 100,19% e 103,62%, a média é de 101,14 e o RSD entre os resultados dos três analistas é de 1,2671%. A percentagem de reprodutibilidade do Metilparabeno varia entre 99,73% e 101,31%, a média é de 100.50% e o RSD entre os resultados dos três analistas é de 0,523% e a percentagem de reprodutibilidade do propilparabeno varia entre 99,19% e 100,73%, a média é de 99,65% e o RSD entre os resultados dos três analistas é de 1,944%, o que mostra que os resultados estão dentro do limite de aproximadamente 3%. Este facto confirma que o método é reprodutível. Os dados estão resumidos nas tabelas 3.1, 3.2 e 3.3 e no anexo 3.
5. A linearidade da Loratadina Suspensão foi efectuada de acordo com o procedimento especificado. Para o efeito, foram colhidas dez amostras de dez concentrações diferentes de 50% a 150%. As concentrações devem ser tais que 50,60,70,80,90% no lado inferior e 110,120,130,140,%150 no lado superior para a Loratadina, o metilparabeno e o propilparabeno, respetivamente. Os gráficos foram traçados entre as concentrações e as áreas dos picos. Foram obtidas linhas rectas e o coeficiente de correlação da loratadina, do metilparabeno de sódio e do propilparabeno de sódio foi superior a 0,999. A interceção Y da loratadina, do metilparabeno de sódio e do propilparabeno de sódio foi inferior a 1. Por conseguinte, o método foi linear, o que demonstra que o método é válido.
6. O limite de deteção (LOD) da loratadina, do metilparabeno de sódio e do propilparabeno de sódio foi de (0,084, 0,040859 e 0,067), respetivamente. O limite de quantificação (LOQ) da loratadina, do metilparabeno de sódio e do propilparabeno de sódio foi de (0,29, 0,13 e 0,23), respetivamente

CONCLUSÃO

Foi desenvolvido um novo método robusto, preciso, exato, linear e adequado para a loratadina, o metilparabeno de sódio e o propilparabeno de sódio em suspensão, utilizando a técnica de cromatografia líquida de alta pressão com deteção de UV, tendo sido validado de acordo com as orientações da FDA e da ICH. Foram observadas várias vantagens deste método em relação a outros métodos conhecidos para o ensaio dos três componentes activos. O método é considerado económico e pode ser utilizado para a análise rápida destes ingredientes.

Os parâmetros de adequação do sistema estavam bem dentro dos critérios de aceitação. Por conseguinte, o sistema e as condições cromatográficas eram adequados para cada parâmetro de validação. Uma vez que os resultados estavam dentro dos critérios de aceitação para todos os parâmetros de validação, o método foi considerado validado e adequado para a utilização pretendida. Além disso, o método foi específico para a loratadina, o metilparabeno de sódio e o propilparabeno de sódio na presença de produtos de degradação. O desvio-padrão e o erro-padrão médio calculados para o método foram baixos, indicando um elevado grau de precisão do método. Uma vez que nenhum dos métodos foi registado para a estimativa simultânea de Loratadina, Metilparabeno sódico e Propilparabeno sódico a partir de uma forma de dosagem combinada, este método desenvolvido pode ser utilizado para a análise de rotina destes três ingredientes em formulações farmacêuticas.

Referências

Moellering, R.C., Swartz, Jr., M.N. Terapia medicamentosa: The newer Antihistamines. *New England Journal of Medicine,* **294(1)**:24-28, (1976).

Sweetman, S.C., *Martindale - The complete drug reference*, **34th ed.**, Pharmaceutical Press, Londres, 436, (2005).

Rowe, R.C., Sheskey, P.J., Owen, S.C. *Handbook of Pharmaceutical Excipients*, **4th ed.**, Pharmaceutical Press, Londres, 392 - 528, (2003).

Lessof, M.H., Gant, V., Hinuma, K., Murphy, G.M., Dowling, R.H. Recurrent *urticaria and reduced diamune oxidase activity. ClinExper Allergy,* **20**: 373-376, (1990).

Scott, H., Sicherer, M.D. Understanding and Managing Your Child's Food Allergy (Compreender e gerir a alergia alimentar do seu filho). *Baltimore: The Johns Hopkins University Press,* (2006).

Shimkin, M.B. "A Organização Mundial de Saúde". Science, **104(2700)**: 281-283, (1946).

Michelle, A., Clark, K., Finkel, K., Jose, A., Whelan, R. *"Lippincott's illustrated Reviews, Pharmacology,* **5**: 549-555, (2000).

Kashiwakura, J.I., Ando, T., Matsumoto, K., Kimura, M., Kitaura, J., Matho, M.H., Zajonc, D.M., Ozeki, T., Ra, C., MacDonald, S.M., Siraganian, R.P., Broide, D.H., Kawakami, Y., Kawakami, T. Hi stamine-rel easingfactor has a papel pró-inflamatório em modelos de rato de asma e alergia. *Sociedade Americana de Investigação Clínica,* **122**: 218-228, (2012).

Hofstra, C.L., Desai, P.J., Thurmond, R.L., Fung-Leung W.P. "Histamine H4 recetor mediates chemotaxis and calcium mobilization of mast cells". *Journal ofPharmacoogy and Experiment Therapeutics,* **305(3)**: 1212-1221, (2003).

Nunes, C., Cristina, I. "Novos anti-histaminicos: umavisaocritica (New antihistamines: a critical view)". *Jornalde Pediatria,* **82(5)**: 173-80, (2006).

Monroe, E.W., Daly, A.F., Shalhoub, R.F. "Appraisal of the validity of histmine- induced wheal and flare is used to predict the clinical efficacy of antihistamines". *The Journal of allergy and clinical immunology,* **99(2)**: 798-806, (1997).

Paul, K., Carlton, M.D. FACS Centro de Ciências da Saúde da Universidade A&M do Texas, College Station, Tex. **58**: (2009).

Rossi, S. *Australian Medicines Handbook,* Australian Medicines Handbook Pty. **Limited27**: (2013).

Li, J.T. Diagnóstico e gestão da asma: doença crónica em doentes com cinco anos ou mais. *Pós-graduação em Medicina,* **4**: 191-207, (1999).

Asthma and Allergy Foundation of America (Fundação de Asma e Alergia da América). 1125 15th Street NW, Suite 502, Washington, DC 20005. (800)727-8462.

Holdcroft, C. "Terfenadine, astemizole and loratadine: Second generation antihistamines". *The Nurse practitioner,* **18(11)**: 13-14, (1993).

Kay, G.G., Harris, A.G. "Loratadine: a nonsedating antihistamine. Revisão dos seus efeitos sobre a cognição, o desempenho psicomotor, o humor e a sedação". *Clinical and experimental allergy: journal of the British Society for Allergy and Clinical Immunology,* **3**: 147-50, (1999).

Maryadele, J., Neil *the Merck Index*, 15th ed., Royal Society of Chemistry,**14**: 966, (2013).

Jasek, W.,OsterreichischerApothekerverlag.*Austria-Codex*, 1: 1768-1771, (2007).

Daly, A.K., Leathart, J.B., London, S.J., Idle, J.R. Um alelo inativo do citocromo P450 CYP2D6 que contém uma deleção e uma substituição de bases. *Hum Genet,***95(3)**:337-41, (1995).

Ernst, M., Geisslinger, G., Heyo, K., Monika, K., Korting, S. WissenschaftlicheVerlagsgesellschaft.*Arzneimittelwirkungen,***8**: 456-461, (2001).

Comité dos Medicamentos "Transferência de medicamentos e outros produtos químicos

para o leite humano". *Pediatria,* **3**: 776-89, (2001).
Sharon, S. "Desloratadine for Allergic Rhinitis". *American Family Physician,* (2003).
Sarah, R. "FDA Sneezes at Claritin-Singulair Combo Pill". *The Wall Street Journal*, (2008).
Davis, C.P. Claritin (Loratadine) side effects drug center.*Food and Drug Administration,* **16**: (2008).
Al-Shamma, A., Drake, S., Flynn, D.L., Mitscher, L.A., Park, Y.H., Rao, G.S.R., Simpson, A., Swayze, J.K., Veysoglu, T., Wu, S.T.S. "Antimicrobial Agents From Higher Plants. Agentes antimicrobianos das sementes de Peganum harmala". *Journal of Natural Products,* **44(6)**: 745-747, (1981).
Soni, M.G., Taylor, S.L., Greenberg, N.A., Burdock, G.A. "Evaluation of the health aspects of methyl paraben: a review of the published literature". *Food Chemical Toxicology.* **10**: 1335-73, (2002).
Al-Shamma, A. Antimicrobial Agents FromPeganum harmala Seeds (Agentes Antimicrobianos das Sementes de Peganum harmala). *Jornal de Produtos Naturais,* (1981).
Wei, G., "Toxicity and Estrogen Effects of Methyl Paraben on Drosophila melanogaster" [Toxicidade e efeitos estrogénicos do metilparabeno em Drosophila melanogaster]. *Food* **Science1**: 252-254, (2009).
Waszku, T.Methyl paraben e propyl paraben. Afirmação do estatuto GRAS de ingredientes alimentares directos para consumo humano. *Food and Drug Administrator,***38**: 20048-20050, (1973).
Handa, O., Kokura, S., Adachi, S., Takagi, T., Naito, Y., Tanigawa, T., Yoshida, N., Yoshikawa, T. "Methylparaben potencia os danos induzidos pelos raios UV nos queratinócitos da pele". *Toxicology,***227**: 62-72, (2006).
Okamoto, Y., Hayashi, T., Matsunami, S., Ueda, K., Kojima, N. "Combined Activation of Methyl Paraben by Light Irradiation and Esterase Metabolism toward Oxidative DNA Damage". *Chemical Research in Toxicology,***8**: 1594-9, (2008).
Harvey, P.W., Everett, D.J. "Significance of the detection of esters of p- hydroxybenzoic acid (parabens) in human breast tumours". *Journal of Applied Toxicology,* 24(1): 1-4, *(2004).*
Kahook, M.Y., Fechtner, R.D., Katz, L.J., Noecker, R.J., Ammar, D.A. Uma comparação de ingredientes activos e conservantes entre medicamentos de marca e genéricos para glaucoma tópico utilizando cromatografia líquida-espetrometria de massa em tandem. *Curr Eye Res,* **37**:101-108, (2012).
Roos, R.W., Cesar, A. Food and Drug Administration, Department of Health and Human Services, New York Regional Laboratory, 850 Third Avenue, New York, NY 11232 U.S.A.
Massart, D.L., Detaevernier, M.R.PolyesterFibre Dye Analysis.*Journal of chromatic science,***51**(4): (2006).
Holeman, J.A., Danielson, N.D.Department of Chemistry, Miami. 113: (1990).
Forensic Science International, **121**: 108-115, (2001).
Nicolas, J.M., Whomsley, R., Collart, P., Roba, J. Departamento de Segurança dos Produtos e Metabolismo. *Interação Químico-Biológica,***123(1)**: 63-79, (1999).
Harold, C., Claude, L. Holder, T. Departamento de Saúde e Serviços Humanos, Administração de Alimentos e Medicamentos, Centro Nacional de Investigação Toxicológica. *Journal of Chromatography,* **283**: 251-264, (1984).
Guo, Z., Wang, H., Zhang, Y. Chiral separation of ketoprofen on an achiral C8 column by HPLC using norvancomycin as chiral mobile phase additives. *Journal of Pharmaceutical and Biomedical Analysis.* **41(1)**: 310-314, (2006).
Agnew, E., Wilson, R., Bi, D., Grem, J., Neckers, L. Takimoto, C. Medição do novo agente antitumoral 17-(alilamino)-17-demetoxigeldanamicina no plasma humano por

cromatografia líquida de alta resolução.Journal of chromatography. B, Biomedical sciences and applications. **755(1-2)**: 237-243, (2001).
Radhakrishna, T., Narasaraju, A., Ramakrishna, M., Satyanarayana, A.S. Determinação simultânea de montelucaste e loratadina por HPLC e métodos espectrofotométricos derivados. J Pharm Biomed Anal.**31(2)**: 359-368, (2003).
Departamento de Farmácia e Química Analítica, Universidade Dinamarquesa de Ciências Farmacêuticas, Copenhaga, Dinamarca
Horder, R. L., Cook, G., Ellis, P., Jaitely, V., Jones, P., Livingstone, A., Mann, W., Miller, J., White B., Williams, I. R. Grupo Consultivo de Peritos ABS: Antibióticos. *Farmacopeia Britânica*. **5**: (2011).
El-Sherbiny, D.T., El-Enany, N., Belal, F.F., Hansen, S.H. Determinação simultânea de loratadina e desloratadina em preparações farmacêuticas utilizando cromatografia líquida com uma microemulsão como eluente. Journal of Pharmaceutical Biomedicinal Analytical, **43(4)**:1236-42, (2007).
Shabir, G.A. A New Validated HPLC Method for the Simultaneous Determination of 2-fenoxyethanol, Methylparaben, Ethylparaben and Propylparaben in a Pharmaceutical Gel.*Indian Journal of Pharmaceutical Science,* **72(4)**: 421-425, (2010).
Solich, P., Hajkova, R., Sicha, J. Determinação de metilparabeno, propilparabeno, clotrimazol e seus produtos de degradação em creme tópico por RP-HPLC.Chromatographia, **56**: 181-S184, (2002).
Fitzpatrick, F.A., Summa, A.F., Coopert, A.D. QuantitativeAnalysis of Methyl and Propylparabebny High Performance Liquid Chromatography.*Society of Cosmetetic Chemist*, **26**: 377-387 (1975).
Boonleang, J., Tanthana, C. Método simultâneo de HPLC com indicação de estabilidade para a determinação de cisaprida, metilparabeno e propilparabeno em suspensão oral. *Journal of Science Technology,* **32(4)**: 379-385,(2010).
Gopalakrishnan, S., Chitra, T.A., Aruna, A., Chenthilnathan, A. Desenvolvimento do método RP-HPLC para a estimativa simultânea de cloridrato de ambroxol, cloridrato de cetirizina e conservantes antimicrobianos na forma de dosagem combinada. *Der Pharma Chemica*, **4(3)**:1003-1015, (2012).
Roy, C., Chakrabarty, J. Stability-Indicating Validated Novel RP-HPLC Method for Simultaneous Estimation of Methylparaben, Ketoconazole, and MometasoneFuroate in Topical Pharmaceutical Dosage Formulation. *Analytical Chemistry*, 2013: 1-9, (2013).
Subert, J., Farsa, O., Mare^kova, M.Stability Evaluation of Methylparaben and Propylparaben in their Solution Aqua Conservans Using HPLC. *Scientia Pharmaceutica*, (Sci. Pharm.) **75**: 171-177 (2007).
Braithwaite, A., Smith, F.J. Introduction of Chromatography. Hand Book of Chromatography Method, **5**: (2002).
Nielsen, J., Christensen, S. Histroy of HPLC. Modern Advances in Chromatography, **76**: 263, (2002).
Snyder, L.R., Kirkland, J.J., Doland, J.W. Introdução à Cromatografia Líquida Moderna. *Analytical Chemistry*, **3**: 1-17, (2010).

Printed by Books on Demand GmbH, Norderstedt / Germany